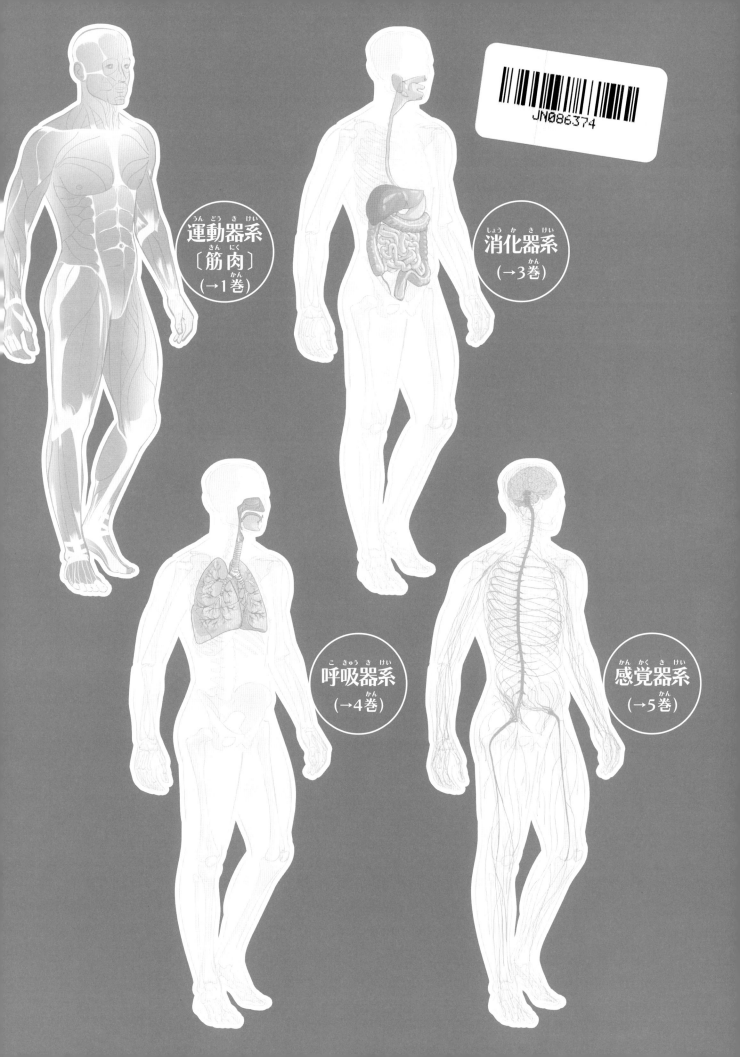

運動器系
〔筋肉〕
(→1巻)

消化器系
(→3巻)

呼吸器系
(→4巻)

感覚器系
(→5巻)

人のからだの

どうなってるの!?

しくみ大図解

監修　坂井 建雄（順天堂大学特任教授）

6　からだと細胞

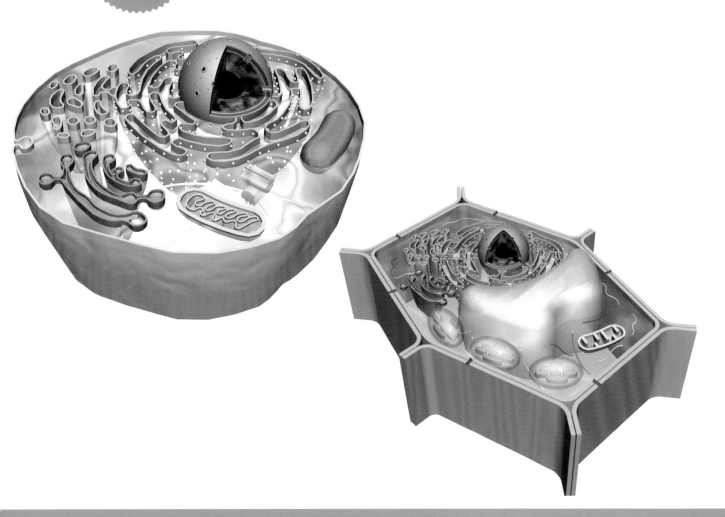

ポプラ社

目次

1章 細胞とはなんだろう

2章 細胞大集合

この本の見方

この本は、イラストや写真を中心にして、人のからだを楽しく、くわしく紹介しています。

Q	人と動物のからだに関する疑問です。

顕微鏡の写真	わかりやすくするために、色がつけてあります。

A	Q(疑問)に対する答えです。

コラム	このページのQ&Aに関する発展情報やおもしろい情報を紹介しています。

→	くわしい説明がのっているページ数、またはほかの巻数です。

図解の解説	イラストや写真について説明をしています。

キャラクター	重要な部分や補足内容などを説明をしています。

この本に登場するキャラクターたち

人体博士 トミー　　ナギ　　ハコ

人体マンガ	各章のはじめに、その章のテーマをマンガで楽しく紹介しています。

生き物は細胞からできている。細胞が生きているから、わたしたちも生きている。

はじめに

生き物は、細胞という小さなブロックが組み合わさって、からだがつくられています。細胞の中には細胞内器官があり、生きていくうえで欠かせない働きをしています。細胞は酸素や栄養分を取り込み、活動して、不要な二酸化炭素を出し、歳をとると死にます。細胞が生きているから、個体であるわたしたちも生きているといえるでしょう。この巻では、細胞のしくみと、人のからだにあるさまざまな細胞を紹介します。たった0.02mmほどしかない細胞が受け持っている、重要な役目や機能を見ていきましょう。

監修　坂井建雄（順天堂大学特任教授）

1章

細胞とはなんだろう

生き物のからだを構成している細胞のつくりや
増え方などを探ってみよう。

「細胞の中には何がある？」編

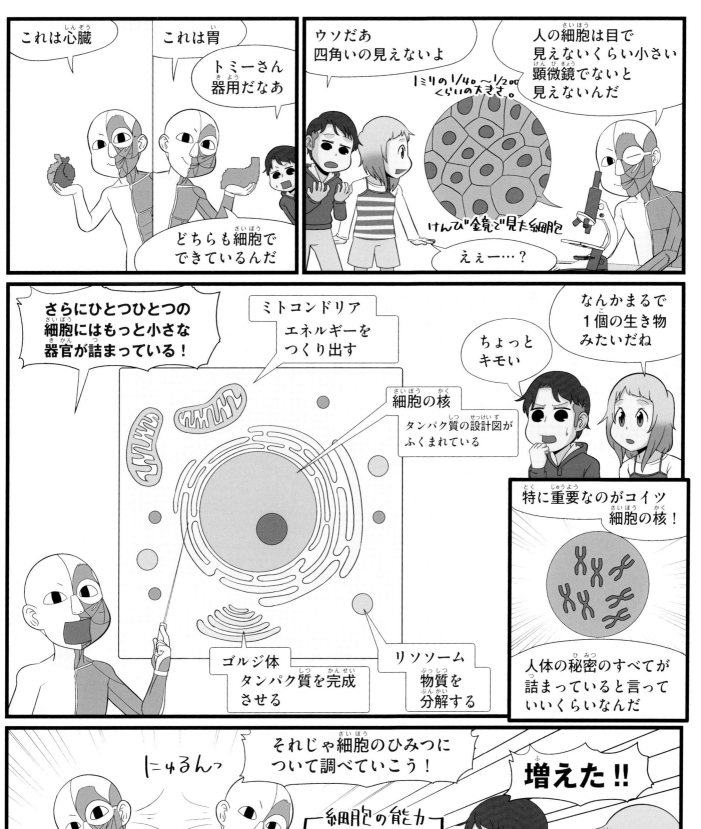

Q からだをつくっている いちばん小さいものって なあに？

A

細胞だよ。
細胞はからだをつくる
いちばん小さい単位だよ。

生き物のからだは、細胞というとても小さなブロックが集まってできています。人の細胞は平均しておよそ 0.02mm の大きさです。細胞は酸素や栄養を取り込んで活動し、二酸化炭素や不要なものを外に出します。また、分裂して新しい細胞をつくります（→ p22）。分裂ができなくなった細胞はこわれて死にます（→ p24）。

かたちや働きが同じ細胞が集まったものを組織といいます。組織が集まって１つの機能を営む構造が器官で、肺や胃腸などを指します。同じ働きを協力して行う器官をまとめて器官系といい、消化器系や呼吸器系などがあります。さまざまな組織や器官が集まって構成された生き物１つを個体といいます。小さな虫も大きなゾウも植物も、生き物はすべて細胞でできています。細胞が働くことで、個体は生きているのです。

個体から細胞へ

消化器系を例にして、からだを構成している器官系、器官、組織、細胞の関係を見ていこう。

個体

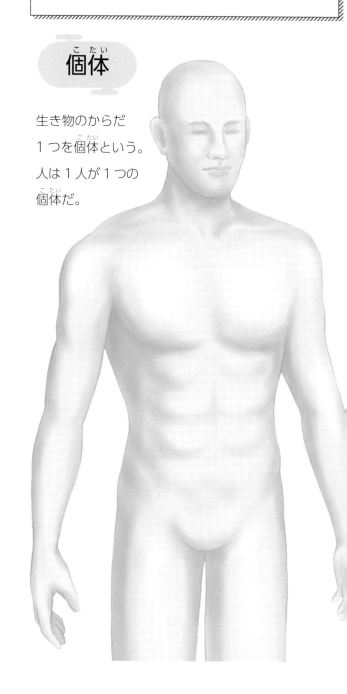

生き物のからだ
１つを個体という。
人は１人が１つの
個体だ。

器官系（消化器系）

からだの中で同じ働きを協力して行うもの（器官）をまとめて器官系という。たとえば、消化に関わるものは消化器系という。

体内の内臓を見てみる。

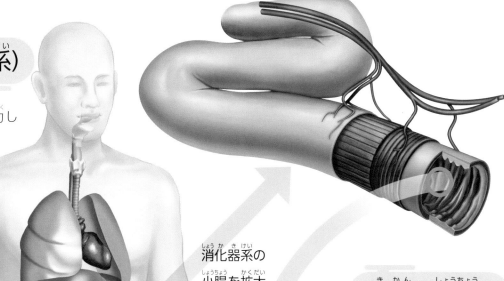

消化器系の小腸を拡大する。

小腸の内側のかべを拡大すると粘膜組織が見える。

器官（小腸）

からだの中で、ある働きをする構造物を器官という。胃、小腸、大腸などは消化をする器官だ。

粘膜組織の表面を拡大すると細胞が見える。

組織（粘膜組織）

同じかたちの細胞や同じ働きをする細胞が集まったものを組織という。組織が集まって器官を構成する。小腸のいちばん内側にある細胞のまとまりは粘膜組織という。

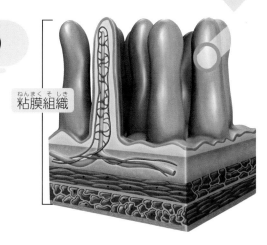

粘膜組織

細胞（上皮細胞）

からだをつくるいちばん小さい単位。細胞は小さなブロックのようなものだ。どの組織も細胞が集まってできている。小腸の粘膜組織は上皮細胞とよばれる細胞でできている。

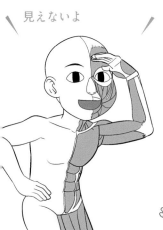

細胞はとても小さいから顕微鏡を使わないと見えないよ

こんな小さな細胞1個1個が役目をもって、協力しあって働いているんだね

小腸の表面

小腸の表面（粘膜組織）を拡大すると、上皮細胞がならんでいる。上皮細胞とは、からだの外側と内側の表面をおおう細胞のこと。からだの場所によって少しずつかたちがちがう。写真は小腸の上皮細胞の顕微鏡写真。

上皮細胞

細長いかたちをしていて、上に細かい毛が生えている。栄養や水を吸収する。

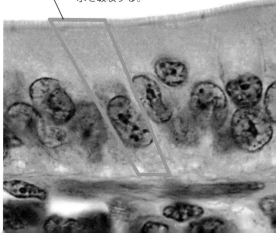

細胞の中にはどのようなものが入っているの？

A

核やミトコンドリアなど小さな構造物が入っているよ。

細胞はとても小さなものですが、その中にはいろいろな構造物が入っています。この構造物を細胞内器官とよびます。細胞内器官のひとつに、タンパク質の設計図が書かれたDNAを保管している核があります。リボソームと小胞体、ゴルジ体はタンパク質をつくります。ミトコンドリアは生命活動に必要なエネルギーをつくります。

細胞全体は細胞膜という膜に包まれていて、内部は液体で満ちています。

植物の細胞では細胞膜のまわりを細胞壁というかたい膜が囲んでいます。また、光合成（→4巻）を行う葉緑体があります。

動物の細胞

いろいろな役割をもった構造物（細胞内器官）が入っている。

ミトコンドリアを半分に割ったようす。

核（→p12）
DNAという物質を保管する、重要な場所。

小胞体（→p14）
ふくろのような構造をしている。タンパク質をつくる。

リボソーム（→p14）
小さなつぶに見えるもの。タンパク質をつくる。

ミトコンドリア（→p18）
エネルギーの元になる物質をつくる。

細胞膜（→p21）
細胞をおおう膜。物質を出したり入れたりする。

中心体（→p23）
細胞が分裂するときに働く。

ゴルジ体（→p16）
タンパク質を仕上げ、細胞の外に出す。

微小管（→p21）
細胞のかたちを支えたり、物質を動かしたりする。

人もほかの動物も
細胞の構造は同じだよ

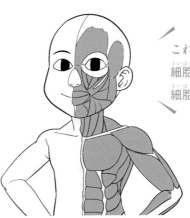

これは基本的な細胞の構造だよ。
細胞の種類によってかたちや
細胞内器官がちがうこともあるよ

COLUMN

細胞 1個の生物がいる！

わたしたちの身のまわりの動物や植物は、多細胞生物とよばれる多くの細胞が集まってできている生物です。しかし、小さな生物のなかには細胞1個だけで構成される単細胞生物もいます。たとえば、水中にいるゾウリムシやミドリムシ、ミカヅキモ、アメーバなどです。大腸菌や乳酸菌などの細菌も単細胞生物です。

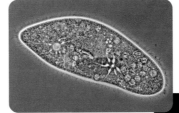

▲ゾウリムシの顕微鏡写真。

▲大腸菌の顕微鏡写真。

植物の細胞

動物の細胞とちがって、かたい細胞壁に囲まれ、光合成を行う器官がある。

核

小胞体

リボソーム

液胞
いらない成分や毒成分などがためられるふくろ。植物は不要なものを外に出しにくいため、細胞の中にためていく。

ゴルジ体

葉緑体

ミトコンドリア

細胞膜

細胞壁
細胞膜の外側を囲む、かたいかべ。植物のからだを支え、病原体などが入ってこないようにする。

葉緑体の中の緑色の色素は、光が当たると、二酸化炭素と水から養分（デンプン）と酸素をつくる。これが光合成だ（→4巻）。

Q 核には何が入っていて、どんな役割があるの？

細胞の種類によっては、核がなかったり、いくつか入っていたりするよ

A からだで使うタンパク質の設計図が書かれたDNAを保管しているよ。

核は細胞に1個だけあり、細胞の中でいちばん大きな細胞内器官です。核膜とよばれる二重の膜に包まれています。

核にはDNAという物質が保管されています。DNAとは、からだで使われるタンパク質の設計図です。タンパク質はからだをつくり、また、からだの中で起こるさまざまな反応に使われていて、生きていくのに欠かせないものです（→p17）。

DNAは父親と母親から半分ずつ受けついでいます。このようにDNAを両親から受けつぐことを遺伝といいます。タンパク質の設計図はひとりひとりちがいます。それがからだの特徴や体質としてあらわれているのです。

核のしくみ

DNAが保管されている。細胞の中でもっとも重要な場所だ。

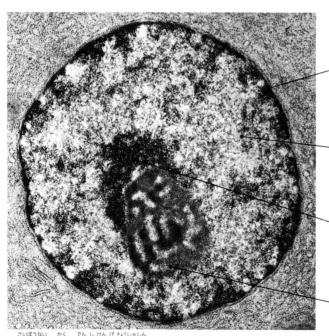

▲細胞内の核の電子顕微鏡写真。

核膜 核を包む二重の膜。ところどころに物質が出入りする穴があいている。

核 DNAが保管されている。

核小体 核の中でRNA（→p14）が密集しているところ。

太くなったDNA ふだんは細い糸のようだが、細胞が分裂する前には太くなる。

DNA はどんなかたちをしているの？

DNA の構造

DNA は細い糸のようだ。そこに A、T、G、C という物質がならんでいる。2 本の糸がくっつきあって、はしごのようなかたちになる。

DNA ははしごをねじったような構造で、A（アデニン）、T（チミン）、G（グアニン）、C（シトシン）という遺伝情報を伝えるための 4 つの物質がならんでいます。この物質のならび方がタンパク質の設計図になっているのです。

核の中の DNA は、人では 46 本の細い糸に分かれています。全部つなげると 2 m もの長さになりますが、小さな細胞の中におさめるために、ぐるぐると巻かれてコンパクトになっています。

DNA の糸は細すぎて、顕微鏡でも見ることはできません。しかし、核が分裂するときには、DNA がぎゅっとおし縮められて太くなるので、姿が見えてきます。この状態を染色体とよびます。

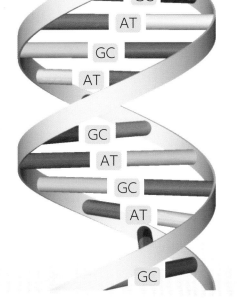

チミン
アデニン
グアニン
シトシン

TA
GC
TA

A と T、G と C が結びつくと決まっている。A、T、G、C がつながることで、はしごのような構造ができる。

AT
GC
AT
AT
GC
AT
GC
AT
GC
AT
GC
AT
GC

イラストではわかりやすくするために、A、T、G、C に色をつけているよ

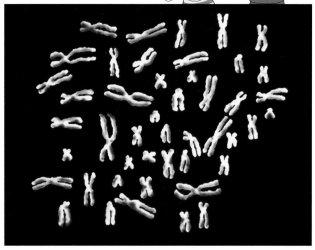

▲ヒトの染色体（女性のもの）の顕微鏡写真。
同じかたちのものが 2 本ずつ合計 46 本ある。

Q リボソームと小胞体って どんな役目があるところ？

A タンパク質が つくられるところだよ。

生き物が生きていくためには、タンパク質が必要です。タンパク質は、からだをつくり、さまざまな生命活動に使われるので（→ p17）、つねに新しくつくらなければなりません。このタンパク質をつくる工場が小胞体とリボソームなのです。

タンパク質は、アミノ酸という物質によっ

て構成されており、タンパク質の種類ごとにアミノ酸のならび順が決まっています。このならび順は核の中のDNAに書かれています（→ p12）が、DNAは核の外に出ません。DNAから、アミノ酸のならび順をコピーしたmRNAが核の外に出てきてリボソームにくっつき、タンパク質づくりがはじまるのです。RNAとは、DNAよりも簡単なつくりの物質で、タンパク質をつくるときに使われます。DNAの情報をコピーして移動するmRNAや、アミノ酸を運んでくるtRNAがあります。

リボソームと小胞体

小胞体とリボソームは、タンパク質をつくる。

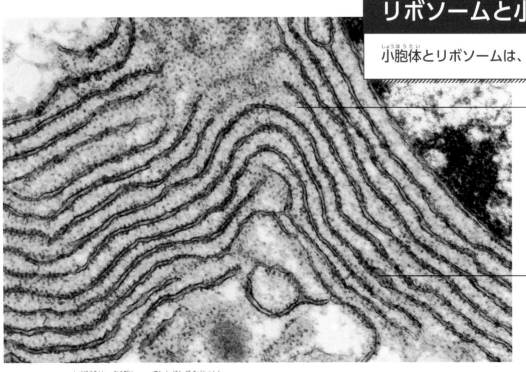

▲リボソームと小胞体を拡大した電子顕微鏡写真。

リボソーム

タンパク質をつくる工場。写真では緑色の部分。リボソームが集まって、もやのように見えている。リボソームは小胞体にくっついているものと、細胞の中をただよっているものがあり、1つの細胞に数百万個もあるといわれる。

小胞体

タンパク質を完成させる。迷路のように入り組んで、核のまわりにある。リボソームが表面にくっついているものと、くっついていないものがある。

リボソームのしくみ

リボソームの上の部分に mRNA が入ってくる。その情報をもとにして、下の部分に tRNA がアミノ酸を運んでくる。

mRNA
核の中の DNA から情報をコピーした RNA。A（アデニン）、U（ウラシル）、G（グアニン）、C（シトシン）の4種類の物質がならんでいる。

A、U、G、C は3つで1つのアミノ酸を示している。mRNA の A、U、G、C のならび方に合わせて、アミノ酸をもった tRNA がやってくる。A と U、G と C が結びつく。

tRNA。アミノ酸を運ぶ RNA。

タンパク質
アミノ酸が規則正しくつながってできあがる。

アミノ酸
タンパク質のもとになる物質。食べたものをもとにしてできている。

リボソームの大きさ 0.000015mm ぐらいなんだって。すごく小さい!!

リボソームは雪だるまのようなかたちをしているよ

リボソームを拡大。

小胞体とリボソーム

核のまわりにはふくろ状の小胞体がある。小胞体には粒状のリボソームがくっついている。

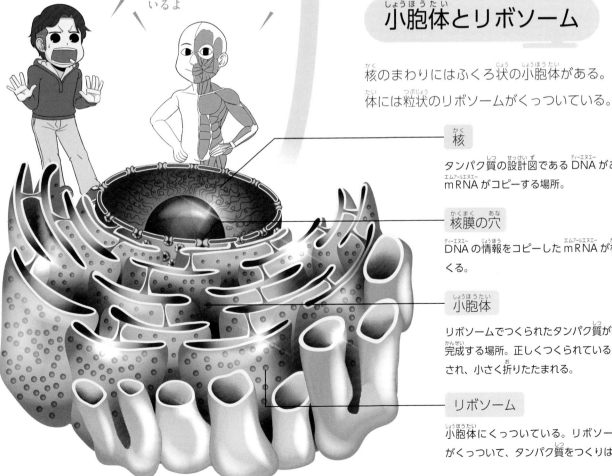

核
タンパク質の設計図である DNA があり、それを mRNA がコピーする場所。

核膜の穴
DNA の情報をコピーした mRNA が核の外に出てくる。

小胞体
リボソームでつくられたタンパク質が移動してきて完成する場所。正しくつくられているかがチェックされ、小さく折りたたまれる。

リボソーム
小胞体にくっついている。リボソームに mRNA がくっついて、タンパク質をつくりはじめる。

Q ゴルジ体って どんな働きをするの？

A タンパク質を仕上げて、細胞の外に送り出すよ。

ゴルジ体では、リボソームでつくられ、小胞体で完成したタンパク質に（→p14）、細胞の外に出ていくための最後の仕上げが行われます。ゴルジ体はふくろがいくつか積み重なったかたちをしていて、小胞体の先にあります。ここで、細胞の外に出たタンパク質が、目的の場所にたどりつき、そこで正しく機能するように、部品が取りつけられるのです。

仕上げが終わったタンパク質は、ゴルジ体に包まれたまま、切り離されて、細胞膜から外に出されます。

ゴルジ体とそのしくみ

ゴルジ体はふくろが積み重なったようなかたちで、その中をタンパク質が移動して、細胞の外に出るために必要な部品がつけられる。

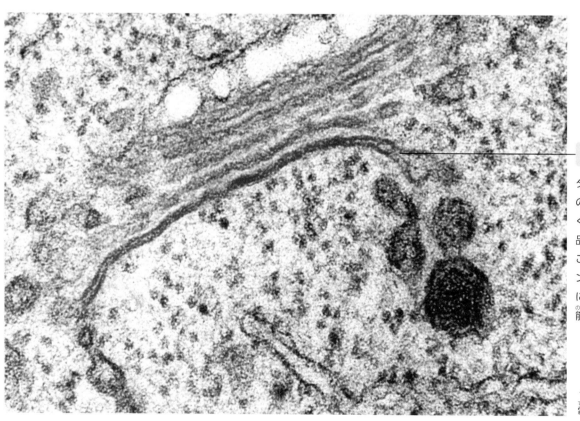

ゴルジ体

タンパク質がゴルジ体のふくろを移動していくあいだに、小さな部品が取りつけられる。この部品がつくと、タンパク質は目的の場所に運ばれて、そこで機能できるようになる。

◀ゴルジ体の電子顕微鏡写真。

タンパク質とアミノ酸

からだをつくる材料の 15 ～ 20％はタンパク質です。皮ふ、髪の毛、筋肉、臓器などはタンパク質でできています。また、からだの中で起こるさまざまな反応にもタンパク質が必要です。このため、細胞はつねにタンパク質をつくっているのです。

タンパク質の材料はアミノ酸という物質です。からだの中で使われるアミノ酸は 20 種類です。アミノ酸には、体内でつくられるものと、食べ物を分解して取り出すものがあります。多くのタンパク質はアミノ酸が 100 ～ 500 個ほどつながってできています。

全身がタンパク質でできている。

肉や魚、豆類などには体内でつくることができないアミノ酸が豊富にふくまれている。

タンパク質の移動

小胞体でつくられたタンパク質はゴルジ体に移動してから、外に出るための部品がつけられて、細胞の外に出される。

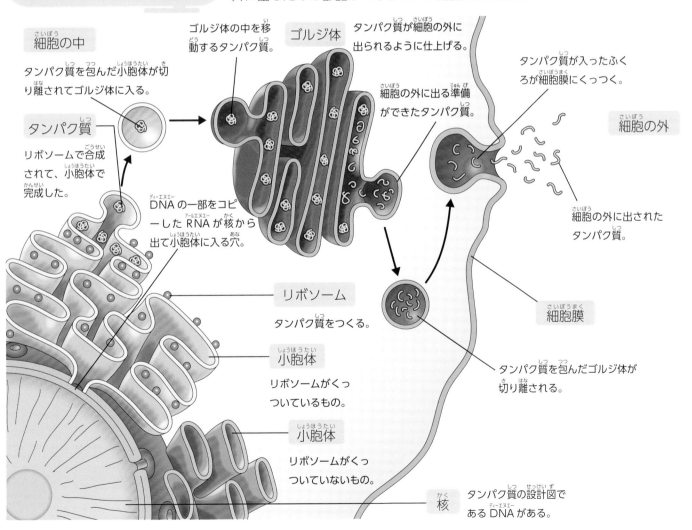

細胞の中
タンパク質を包んだ小胞体が切り離されてゴルジ体に入る。

タンパク質
リボソームで合成されて、小胞体で完成した。

ゴルジ体の中を移動するタンパク質。

ゴルジ体
タンパク質が細胞の外に出られるように仕上げる。

細胞の外に出る準備ができたタンパク質。

タンパク質が入ったふくろが細胞膜にくっつく。

細胞の外
細胞の外に出されたタンパク質。

DNA の一部をコピーした RNA が核から出て小胞体に入る穴。

リボソーム
タンパク質をつくる。

小胞体
リボソームがくっついているもの。

小胞体
リボソームがくっついていないもの。

核
タンパク質の設計図である DNA がある。

タンパク質を包んだゴルジ体が切り離される。

細胞膜

Q ミトコンドリアは何をつくっているの？

A

生きるために必要なエネルギーをつくっているよ。

わたしたちが生きていくためには、いつもエネルギーが必要です。そのエネルギーのもとになるのがATP（アデノシン三リン酸）というものです。ATPは細胞の中のミトコンドリアという器官でつくられます。ミトコンドリアは1個の細胞に1000〜2000個もあります。

ミトコンドリアは、食べ物にふくまれている栄養分と酸素、水からATPをつくります。このときにいっしょに二酸化炭素もできて

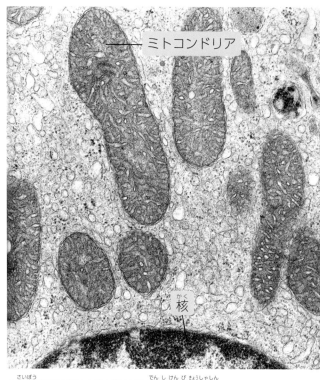

▲細胞の中のミトコンドリアの電子顕微鏡写真。

しまいますが、からだには必要ありません。細胞から出され、呼吸をして息をはき出すことで外に捨てられます（→4巻）。

ATP があるから活動できる

ATP（アデノシン三リン酸）とはエネルギーのカプセルのようなものです。エネルギーをたくわえていて、必要なときに放出します。手足を動かす、呼吸する、心臓を動かす、食べ物を消化する、考える、刺激を感じるなど、からだの中で行われるすべてのことに、ATPのエネルギーが使われます。

COLUMN

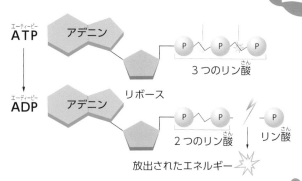

ATP（アデノシン三リン酸）は、アデノシン、リボース、3つのリン酸で構成されている。リン酸が1つ切り離されて、ADP（アデノシン二リン酸）になると、エネルギーが放出される。このエネルギーがからだの中で使われる。

ミトコンドリアの構造

豆のようなかたちをしていて、
中にひだがある。

ミトコンドリアって、
核じゃないのに
DNA があるの？

そうなんだよ。ミトコンドリアは、
もともとは細菌だったらしいんだ。
それが生き物の細胞に
取り込まれたと考えられているよ

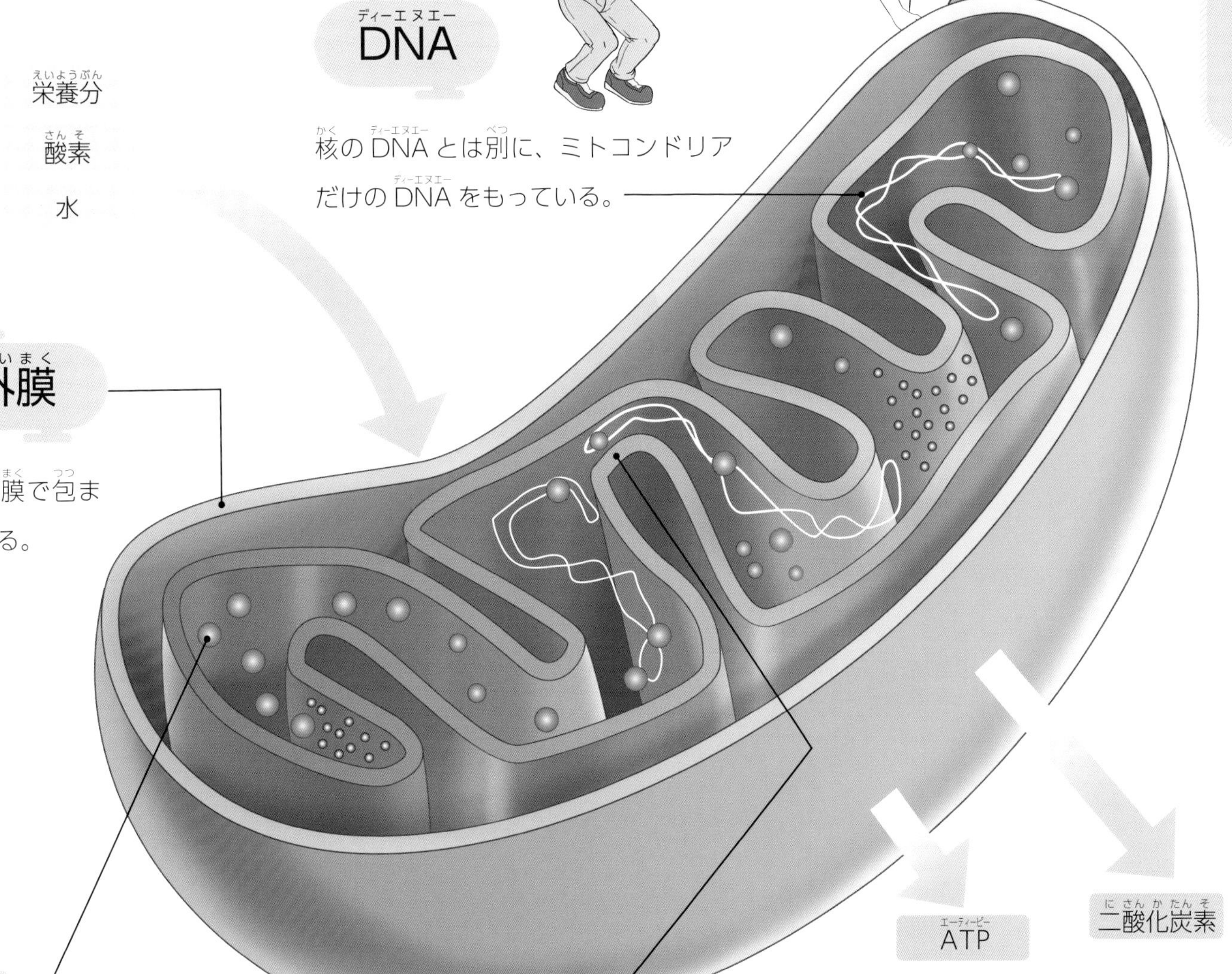

栄養分

酸素

水

DNA

核の DNA とは別に、ミトコンドリア
だけの DNA をもっている。

外膜

二重の膜で包ま
れている。

リボソーム

ミトコンドリアだけで
使うリボソームがある。

ひだ

内側にはたくさんの
ひだが出ている。

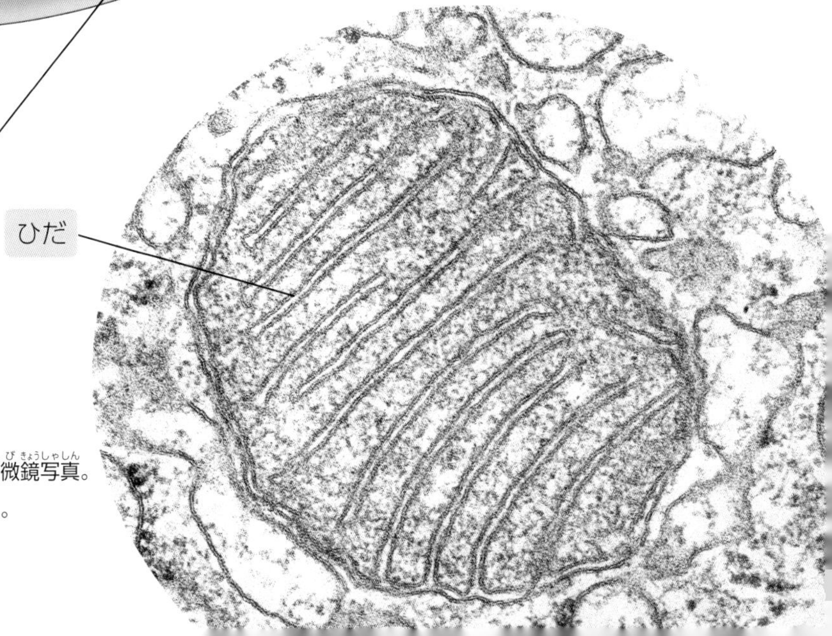

ATP

二酸化炭素

ひだ

▶ミトコンドリアの電子顕微鏡写真。
中にひだがあるのが見える。

Q 細胞はくずれないの？ どうやって保たれているの？

A 細胞膜で外と仕切られていて、内側から細胞骨格がかたちを支えているよ。

細胞は細胞膜で囲まれて外側と仕切られています。その内側は液体で満たされ、細胞内器官が浮かんでいます。全体はやわらかい構造ですが、力がかかっても簡単にはくずれません。これは細胞骨格という構造が支えているからです。細胞骨格は、タンパク質でできた細いロープのような構造です。そのうち、中間径フィラメントとよばれる種類は、細胞全体に網の目のように広がって、細胞のかたちを保っています。

細胞骨格には微小管という種類もあります。微小管は細胞の中のものを動かすときに使われます。細胞が分裂するときに染色体を引っぱる紡錘糸（→ p23）や、精子（→ 2巻）の尾部（べん毛）は、微小管でできています。

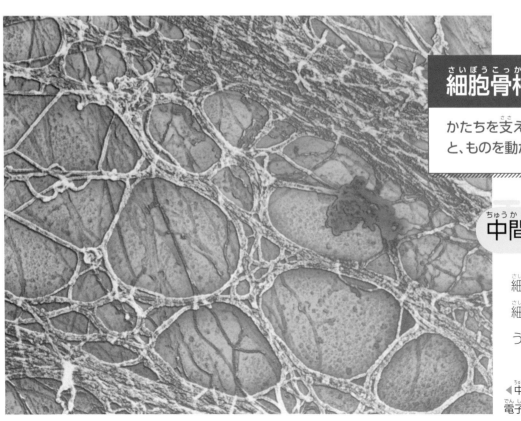

細胞骨格の種類

かたちを支える中間径フィラメントと、ものを動かす微小管などがある。

中間径フィラメント

細胞の中に網目状に広がって、細胞のかたちがくずれないように内側から支えている。

◀中間径フィラメントの電子顕微鏡写真。

細胞膜は物質の出入りを管理する

細胞膜の大事な役目は細胞の内側と外側で物質をやり取りすることです。酸素や二酸化炭素、水などは何もしなくても自然に細胞膜を通りぬけます。しかし、アミノ酸や糖、ナトリウムやカルシウムなどは、膜にあく穴を通らないと出入りできません。穴は必要に応じて、ひらいたり、閉じたりします。

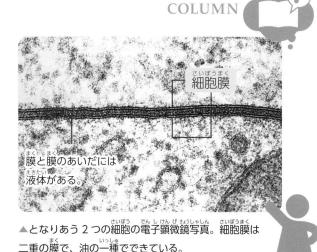

膜と膜のあいだには液体がある。

▲となりあう２つの細胞の電子顕微鏡写真。細胞膜は二重の膜で、油の一種でできている。

微小管

運動（ものを動かす）に関わる部分を構成する。

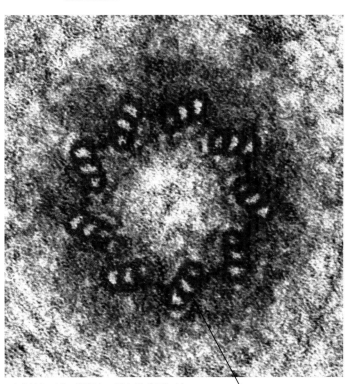

▲中心体を囲む紡錘糸の電子顕微鏡写真。

紡錘糸

微小管でできている。細胞分裂のときに核の中心体からのびてきて、染色体を引っぱる。

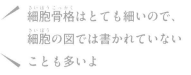

細胞骨格はとても細いので、細胞の図では書かれていないことも多いよ

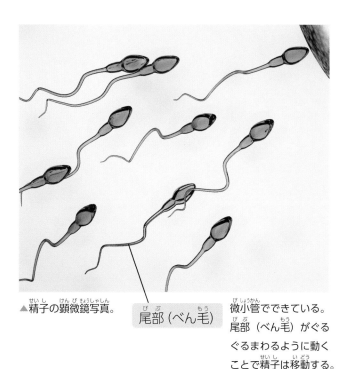

▲精子の顕微鏡写真。

尾部（べん毛）

微小管でできている。尾部（べん毛）がぐるぐるまわるように動くことで精子は移動する。

▲微小管の構造を示したイラスト。小さなタンパク質が集まってできていて、中は空洞だ。

Q 細胞はどうやって増えていくの？

A

1つの細胞が2つに分裂して増えていくよ。

生き物のからだは細胞の数が増えることで成長します。また、古くなった細胞は死んでしまうので、新しい細胞が必要です。そこで細胞は定期的に2個に分裂して、数を増やしています。分裂するときには、まず核の中でDNA（染色体）のコピーがつくられます（→p13）。新しくできた2個の細胞は、それぞれ染色体を引きつぎます。

卵子と精子（→2巻）も細胞が分裂してつくられますが染色体の数は半分の状態で生み出されます。卵子と精子が結びついて受精卵になると、染色体の数が元にもどるのです。

細胞分裂のしくみ

核の中で染色体が2倍になってから、細胞全体が2つに分かれる。

分裂前の核の中のようす

分裂がはじまる前に、核の中でDNAが染色体になる。

DNA
コピーされて、全体が2倍の量に増える。

核

染色体
DNAが縮んで太くなり、染色体になる（→p13）。

染色体

核膜
分裂がはじまると消える。

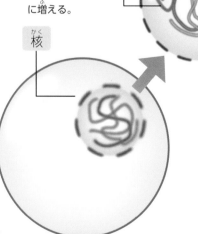

分裂する元の細胞を母細胞、新しい2個の細胞を娘細胞とよぶよ

22

分裂の終了

染色体が分かれて核ができたら、細胞がちぎれて、2個の細胞になる。

細胞の中央がくびれて、2つにちぎれる。

▲分裂中のブタの細胞の顕微鏡写真。

染色体

紡錘糸

核膜
染色体を囲んで核膜ができて、核があらわれる。

染色体
だんだん細くなって、DNAのかたちにもどる。

紡錘糸
だんだんと消えていく。

中心体

分裂後期

対になっていた染色体が分かれる。

中心体

染色体
対になっていた染色体が引っぱられて、1本ずつに分かれる。

紡錘糸
中心体を足がかりにして、染色体を引っぱる。

分裂前期

分裂がはじまる。中心体が2つになり、紡錘糸がのびてくる。

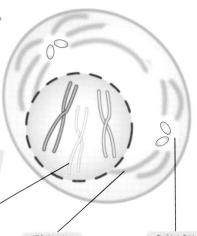

分裂中期

分裂がはじまる。中央にならんだ染色体に紡錘糸がくっついて、引っぱりはじめる。

染色体
同じ種類の染色体2本ずつが対になっている。

紡錘糸
中心体からのびてくる。微小管でできている（→p21）。

中心体
細胞に1つだけあるが、分裂のときに2つになる。

染色体
細胞の中央にならぶ。

紡錘糸
染色体にくっつく。

中心体
2つの中心体が、それぞれ細胞の両端に移動する。

23

Q 細胞は生きているっていうけど死ぬことはあるの？

A 歳をとった細胞は死んでしまうんだ。

細胞は分裂をくり返しますが、いつまでも分裂できるわけではありません。人の細胞はおよそ50回が限度で、それが細胞の寿命というわけです。寿命をむかえた細胞にはアポトーシスという死が待っています。アポトーシスがはじまると、細胞はぎゅっと縮んでいきます。核膜はやぶれ、DNAはちぎれて、最後は細胞全体がばらばらになってしまいます。自分だけがこわれるので、まわりの細胞に影響することはありません。

一方、けがや強い放射線、酸素不足などでいたんだ細胞が、寿命をむかえる前に死んでしまうことがあります。こちらはネクローシスといって、細胞がふくらんで、最後は破裂してしまいます。破裂してとび散ったものがまわりの細胞に影響して、そちらもきずつけることもあります。

細胞の寿命

寿命をむかえた細胞が自然に死ぬことがアポトーシス。きずついて死んでしまうのがネクローシスだ。

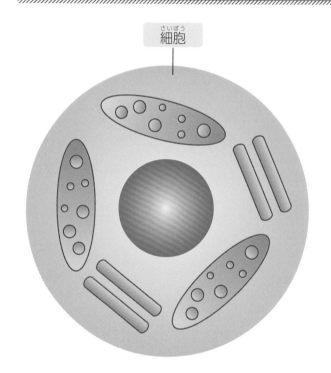

細胞

死んでいくリンパ球

◀リンパ球の電子顕微鏡写真。アポトーシスを起こして、縮んでいる。リンパ球は白血球の仲間の細胞で血液やリンパ液にある（→p41）。

がん細胞はまちがった細胞

がん細胞をやっつける方法はいろいろあるよ。今も研究が進んでいるんだ

がんはおそろしい病気で、がん細胞という細胞によって起こります。細胞のなかには、たまに遺伝の情報がまちがって伝わっているものがあります。まちがった情報が多い細胞は、正しく機能しなくなり、勝手に分裂するようになります。これががん細胞です。がん細胞はどんどん増えて、栄養分や酸素をひとりじめしてほかの細胞を弱らせてしまいます。そして、まわりの組織に入り込んで、広がっていくのです。

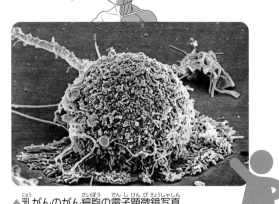

▲乳がんのがん細胞の電子顕微鏡写真。

アポトーシス

寿命をむかえた細胞が自然に死んでいくこと。まわりの細胞に影響しない。

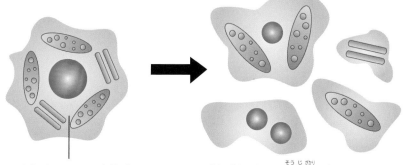

中身がこわれて、全体が縮んでいく。

ばらばらになり、掃除係であるマクロファージ（→ p41）などに取り込まれて、かたづけられる。

細胞も生きているから、寿命があるんだね

ネクローシス

きずついた細胞が死んでしまうこと。まわりに影響することがある。

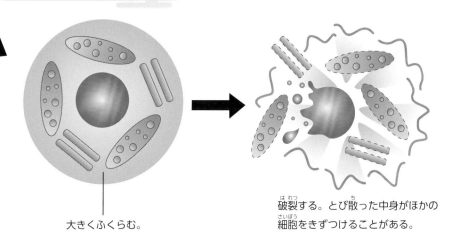

大きくふくらむ。

破裂する。とび散った中身がほかの細胞をきずつけることがある。

2章

細胞大集合
（さいぼうだいしゅうごう）

細胞にはいろいろな種類（しゅるい）があり、それぞれ役割（やくわり）がある。
どんな役割（やくわり）があるか見てみよう。

人体マンガ

「かたちも役割（やくわり）もいろいろ」編（へん）

トミーさんハコ
こっちこっち！
はやくー！

もうナギ！
また転んでも
知らないよ！

ぼくがそんな
簡単（かんたん）に転ぶわけ

こけた
ーーー！

怪我（けが）はない？

大丈夫（だいじょうぶ）ナギ

いわん
こっちゃない

ぜんぜん平気
（ふるえ声）

思いっきり
擦（す）りむいてる

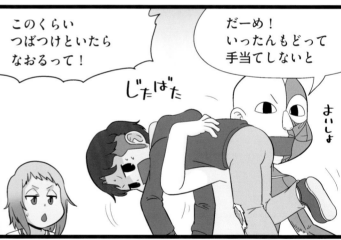

このくらい
つばつけといたら
なおるって！

じたばた

だーめ！
いったんもどって
手当てしないと

ましょ

いたい。

あーあ
ぼくの活躍（かつやく）を
見せようと
思ったのに

はー
ざんねん

その分、今、膝（ひざ）では
細胞（さいぼう）たちが大活躍（だいかつやく）
してるよ

どういうこと？

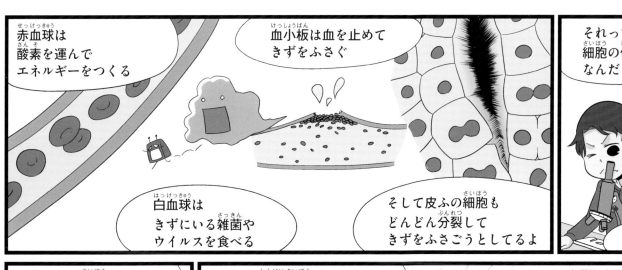

赤血球は
酸素を運んで
エネルギーをつくる

血小板は血を止めて
きずをふさぐ

白血球は
きずにいる雑菌や
ウイルスを食べる

そして皮ふの細胞も
どんどん分裂して
きずをふさごうとしてるよ

それって全部
細胞の仲間
なんだよね？

そう！

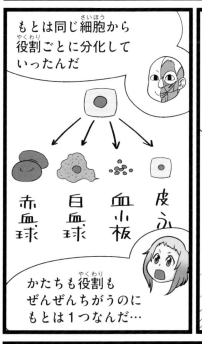

もとは同じ細胞から
役割ごとに分化して
いったんだ

赤血球　白血球　血小板　皮ふ

かたちも役割も
ぜんぜんちがうのに
もとは1つなんだ…

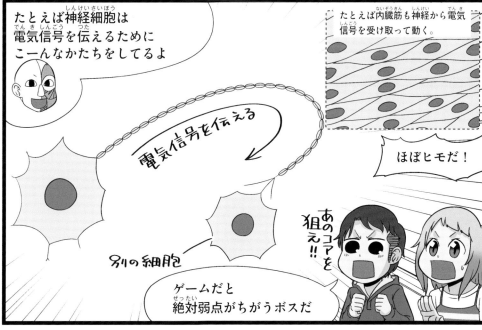

たとえば神経細胞は
電気信号を伝えるために
こーんなかたちをしてるよ

たとえば内臓筋も神経から電気
信号を受け取って動く。

電気信号を伝える

別の細胞

ほぼヒモだ！

あのコアを狙え!!

ゲームだと
絶対弱点がちがうボスだ

ほかにはどんな
細胞があるの？

もっとヘンな細胞
ってないの！？

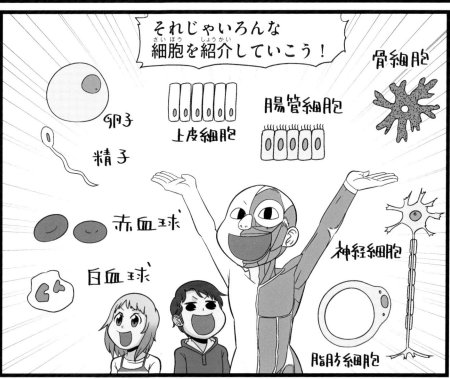

それじゃいろんな
細胞を紹介していこう！

卵子

精子

上皮細胞

腸管細胞

骨細胞

赤血球

白血球

神経細胞

脂肪細胞

Q 人のからだには どんな細胞があるの？

A

からだの場所や役目ごとに いろいろな細胞があるよ。

人のからだにある細胞は、どれも同じではありません。からだのどこにあって、どんな働きをするかで、かたちや大きさがちがうのです。平たいもの、糸のようなもの、毛の生えているもの、なかには、核がない細胞もあります。

どうやっていろいろな細胞ができあがるのでしょうか。細胞が分裂して増えていくときに（→ p22）、まわりの組織からの分泌液などの影響を受けて、その場にふさわしいかたちや大きさに成長していくのです。

人の細胞は全部で37兆～38兆個！すごい数だね！

たった1つの受精卵が分裂をくり返して、こんなにたくさんの種類の細胞になるんだ

神経細胞

全身に張りめぐらされている神経と、脳をつくる細胞。糸のようなかたちをしている。神経細胞がつながって長い神経（→ 5巻）になる。

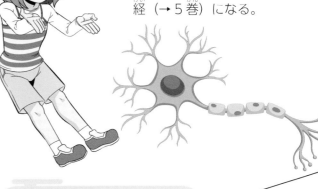

肝細胞 （→ p36）

肝臓の細胞。びっしりとならぶ。タンパク質の合成や胆汁をつくる、毒を消すなど、さまざまな働きがある。

脂肪細胞 （→ p35）

あまった脂肪をためる細胞。必要なときには脂肪を放出する。内臓のクッションにもなる。

血液の中の細胞 （→ p38）

酸素を運ぶ赤血球、病原体とたたかう白血球、血管の穴をふさぐ血小板があり、血液の中を流れている。

人の細胞の種類

人のからだには全身で 200 種類ほどの細胞がある。

上皮細胞

内臓やからだ全体の表面をおおう細胞。びっしりならんでシートのようになっている。からだの場所によって少しずつかたちがちがう。よび名もかわる。

筋細胞 (→ p30)

骨格筋（→ 1 巻）にある細胞。巨大で細長い細胞が平行にならぶ。筋肉がのびたり縮んだりする動きに関わる。

骨の中の細胞 (→ p32)

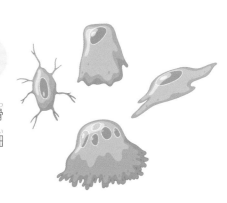

かたい構造の中にうまっている骨細胞のほかに、骨を溶かす破骨細胞と骨をつくる骨芽細胞がある。

卵子と精子 (→ 2 巻)

卵子と精子が結びついて受精卵になる。

心筋細胞 (→ p31)

心臓をつくる細長い細胞。細胞どうしが連結して、同時に動いて心臓を動かす。

筋肉や心臓、胃、腸を動かす細胞があるの？

A

筋線維とよばれる
細長い細胞だよ。
3種類あるよ。

からだや内臓などを動かす筋肉は、動かすことを専門とする細胞でできています。細長い細胞なので、筋線維とよばれます。骨格筋は筋細胞、心筋は心筋細胞、内臓筋は平滑筋細胞という筋線維で構成されて、動くことができます。

3種類の運動専門の細胞

3つの細胞はどれも似たかたちだが、動かすものによって構造としくみがちがう。

横じま

この中をタンパク質が動くことで、骨格筋がのびたり、縮んだりする。

筋細胞

太さは0.02〜0.1mmだが、長さは10cmになることもある。多くの細胞がくっついてできている。

核

筋細胞

手足などを動かす骨格筋をつくっている細長い細胞。規則正しくならんだタンパク質がしま模様になって見える。

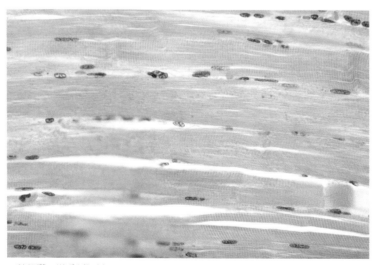

▲筋細胞の顕微鏡写真。

心筋細胞

心臓の筋肉のかべをつくっている細胞。網目状にならぶ細胞が介在板で結びついている。介在板は心臓を規則正しく動かす電気信号を伝える。

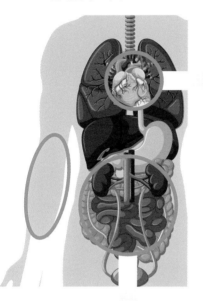

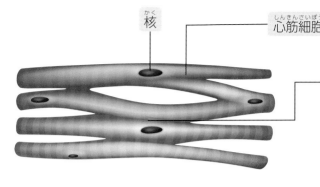

核

心筋細胞

細胞の両端が枝分かれしている。しま模様がある。

介在板

心臓を動かす電気信号を伝える構造。介在板のおかげで、すべての心筋細胞が規則正しく動くことができる。

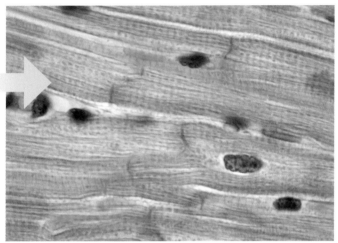

▲心筋細胞の顕微鏡写真。

心臓の筋肉は
生きているあいだ、
止まることなく
動き続けるんだね

平滑筋細胞

内臓筋や血管のかべをつくっている細胞。しま模様はない。はげしくのび縮みをすることはないが、ゆっくりと疲れることなく動く。

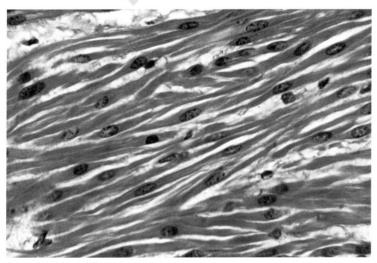

▲平滑筋細胞の顕微鏡写真。

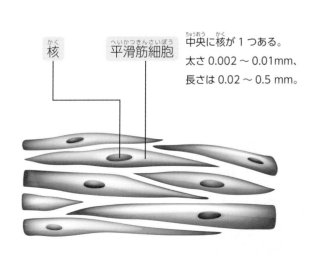

核

平滑筋細胞

中央に核が1つある。太さ0.002～0.01mm、長さは0.02～0.5mm。

Q 骨をこわしたり つくったりする 細胞があるの？

A こわすのは破骨細胞、つくるのは骨芽細胞というよ。骨をつくりかえているよ。

骨の役目のひとつに、カルシウムをたくわえるということがあります（→1巻）。体内にあるカルシウムの99%は骨にたくわえられています。カルシウムは筋肉を動かす、神経が情報を伝えるなど、からだの中のさまざまな反応で使われます。

カルシウムが足りなくなると、破骨細胞が骨を溶かして取り出します。カルシウムは血液にのって必要な場所に届けられます。もう十分に足りたとなると、今度は骨芽細胞がカルシウムを集めて溶けた骨を再生します。このしくみは、全身のカルシウムの量を調整するだけでなく、古い骨を新しい骨へとつくりかえることにもなります。

運動をすると骨芽細胞の働きが活発になるので、骨は強く、太くなります。からだをあまり動かさないと、破骨細胞の働きばかりが増えて、骨がもろくなってしまいます。

骨の中の細胞

骨を溶かす細胞と、骨をつくる細胞がある。

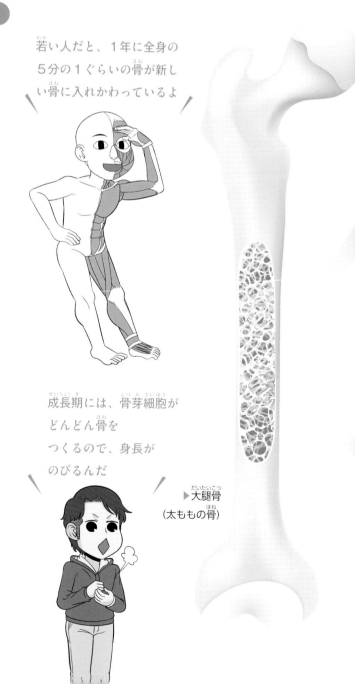

若い人だと、1年に全身の5分の1ぐらいの骨が新しい骨に入れかわっているよ

成長期には、骨芽細胞がどんどん骨をつくるので、身長がのびるんだ

▶大腿骨（太ももの骨）

破骨細胞
骨を溶かす細胞。核をたくさんもっている。

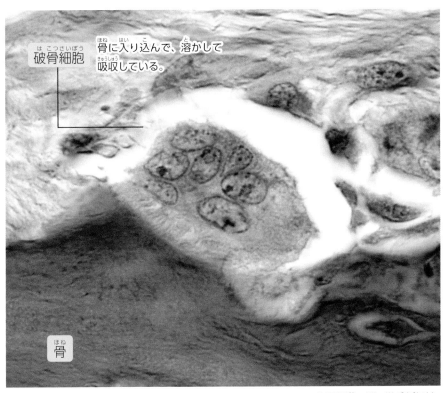

破骨細胞　骨に入り込んで、溶かして吸収している。

骨

▲破骨細胞と骨の顕微鏡写真。

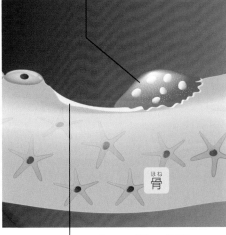

破骨細胞　足のような突起をもっていて、骨の中を移動しながら、骨を溶かして吸収する。

溶かされた骨　溶かした骨から吸収されたカルシウムは近くの血管に入って、血液によって必要な場所へと運ばれる。

骨

骨芽細胞
骨をつくる細胞。核は1つだけだ。

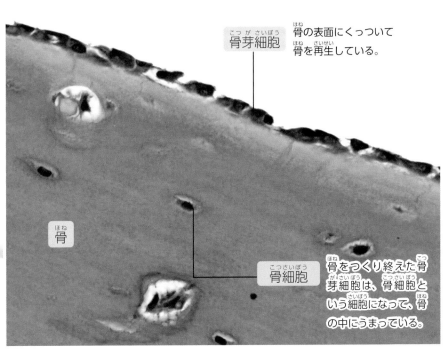

骨芽細胞　骨の表面にくっついて骨を再生している。

骨

骨細胞　骨をつくり終えた骨芽細胞は、骨細胞という細胞になって、骨の中にうまっている。

▲骨芽細胞と骨の顕微鏡写真。

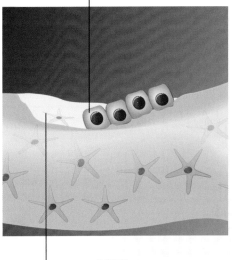

骨芽細胞　破骨細胞が溶かしたところに新しい骨をつくる。

つくられた骨　血液中のカルシウムが集められて新しい骨がつくられる。

Q 腸の中で栄養分や水を吸収するのも細胞？どんなかたちの細胞なの？

A 微柔毛という突起が生えた細胞が吸収するよ。

小腸の内側のかべには、柔毛という細かいひだがびっしりと生えています（→3巻）。柔毛は上皮細胞という細胞におおわれています。小腸の上皮細胞には細かい突起がたくさん生えています。これは細胞の一部が毛のようにのびたもので微柔毛といいます。食べ物を分解してできた栄養分は、微柔毛に吸収されて上皮細胞に入り、そこから血管に送られて、必要な場所に届けられます。

小腸で栄養を吸収する細胞

小さな毛のような微柔毛がある。

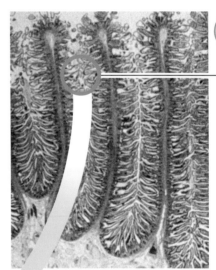

柔毛

小腸の柔毛

小腸の内側には柔毛とよばれる突起がびっしりと生えている。

◀柔毛の顕微鏡写真。

微柔毛

細胞から突き出している。直径は 0.0001 mm、長さは 0.001mm ほどだ。

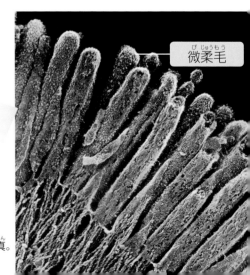

微柔毛

▶微柔毛の電子顕微鏡写真。

微柔毛のつくり

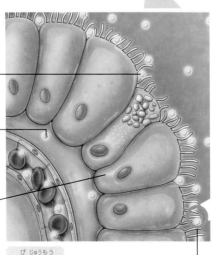

栄養分
食べ物が分解されてできた。

吸収された栄養分
微柔毛が吸収して上皮細胞から血管に運ばれる。

柔毛の上皮細胞
上皮細胞には微柔毛がある。上皮細胞は、からだの表面をおおう細胞のこと。

微柔毛
柔毛の上皮細胞の一部が毛のようにのびたもの。

Q 太る原因になる細胞が あるって本当!?

たくさん食べて、しっかり運動することが大事だね!

A いざというときのために脂肪をためる脂肪細胞があるんだ。

脂肪はからだのエネルギーをつくり出す大切な物質です。食べ物を分解して取り出しますが、あまったものは脂肪細胞という細胞にたくわえておきます。なぜなら、食べ物が足りなくなるなどして、からだがエネルギーをつくれなくなったら命に関わるからです。そのときには、脂肪細胞にためていた脂肪を取り出してエネルギーとして使うのです。

脂肪細胞はやわらかいので、臓器を守るクッションとしても働きます。寒いときには体温を保つ役割もあります。

脂肪細胞

脂肪をためる専用の細胞だ。

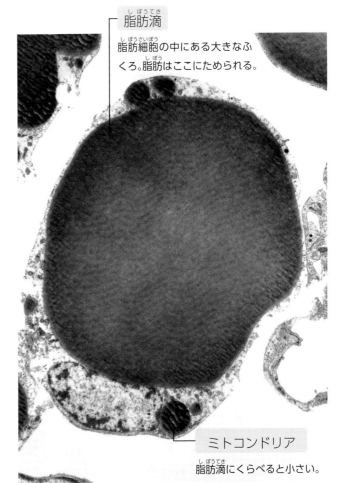

脂肪滴
脂肪細胞の中にある大きなふくろ。脂肪はここにためられる。

ミトコンドリア
脂肪滴にくらべると小さい。

▲脂肪細胞の電子顕微鏡写真。

脂肪細胞の集まり

やわらかい脂肪細胞が集まって、臓器を守るクッションになる。

コラーゲン線維

脂肪細胞の集まりをコラーゲンという線維が包んで、まとめている。

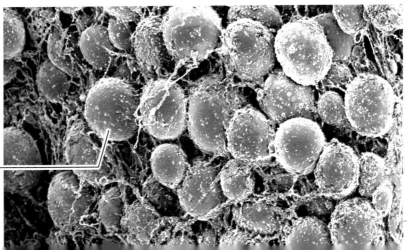

▶脂肪細胞の集まりの電子顕微鏡写真。

Q 食べ物の消化にも 細胞が関わっているの？

A

消化に関わる器官ごとに
細胞が消化液を
つくっているよ。

消化に関わる器官では食べたものを分解する働きがある消化液が分泌されます（→3巻）。この消化液をつくるのも細胞の役目です。肝臓の肝細胞では胆汁がつくられて胆のうに送られます。胃の消化液である胃液には胃酸や粘液などが含まれますが、胃酸は壁細胞でつくられます。すい臓のすい腺房細胞は、すい液をつくって、十二指腸に送ります。

肝細胞

肝臓にある細胞。脂肪の分解と吸収を助ける胆汁をつくる。

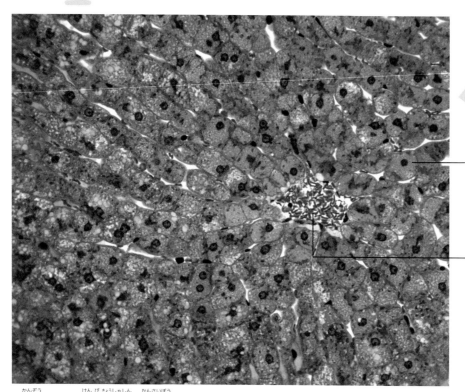

肝細胞
肝臓にびっしりとならんで、胆汁をつくる。
胆汁は1日に500mℓもつくられる。

肝細胞でつくられた胆汁を運ぶ管が
集まっている。

▲肝臓の表面の顕微鏡写真。肝細胞がならんでいる。

胃・肝臓・すい臓で活躍する細胞

消化液を分泌する細胞がある。

肝臓

胃

すい臓

胃の表面

胃の内側の表面には穴があって、食べ物を分解する胃酸が分泌される。胃酸は壁細胞でつくられる。

胃の表面の穴
胃酸が胃の中に出ていく。

粘液をつくる細胞
胃の表面をおおう粘液を出す。胃酸で胃が消化されないように守っている。

壁細胞
胃酸をつくる細胞。胃の穴の奥に集まっている。

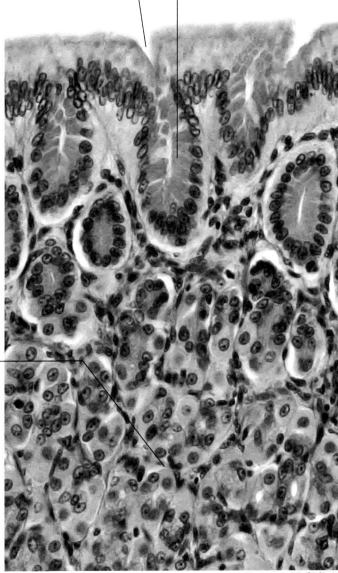

▲胃の表面の顕微鏡写真。

分泌顆粒
消化酵素のもとになる物質。

核

▲すい腺房細胞の電子顕微鏡写真。

すい腺房細胞

すい臓にびっしりとある細胞。すい液をつくって十二指腸に分泌する。

37

Q 血液の中には どんな細胞があるの？

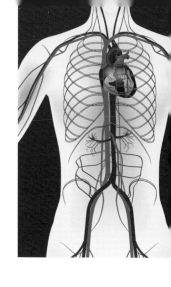

A

赤血球、白血球、
血小板があるよ。
それぞれ役目はちがうよ。

血液の 55％は血しょうという液体の成分で、残りの 45％は細胞の成分（血球）です（→ 4 巻）。細胞には、赤血球（→ p39）、血小板（→ p40）、白血球（→ p41）の 3 種

類があります。

血液の細胞は骨の中心にある骨髄でつくられます。骨髄の中にある造血幹細胞（→ 4 巻）という細胞が分裂をくり返し、あるものは赤血球に、あるものは白血球にと成長するのです。

血液にふくまれる細胞

3 種類の細胞があるが、それぞれかたちがちがう。白血球にはいくつかの種類がある。

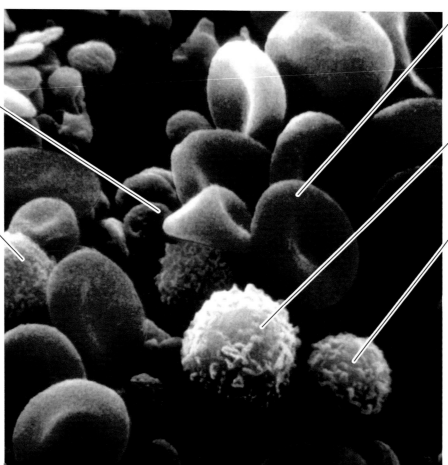

血小板
出血を止める細胞。直径 0.002 ～ 0.005mm と小さい。

好中球
病原体を退治する細胞である白血球の仲間。直径は 0.01 ～ 0.016 mm。

赤血球
酸素を運ぶ細胞。真ん中がへこんだ、円盤のかたちをしている。直径は 0.007 ～ 0.008mm。

単球
白血球の仲間。直径0.015 ～ 0.02mm と大きい。

リンパ球
白血球の仲間。直径は 0.006 ～ 0.01mm。

◀血液の細胞の
電子顕微鏡写真。

Q 血液中の赤血球には
どんな役割があるの？

A 肺で受け取った酸素を全身に運び、二酸化炭素を肺にもどすよ。

血液のなかで酸素をもっているのが赤血球です。血液が肺を通るときに赤血球が酸素を受け取り、動脈を流れてからだのあちこちで酸素を放出します。酸素を放ったあとは静脈を流れて肺にもどり、また酸素を受け取ります（→ 4巻）。

酸素と二酸化炭素を運ぶ赤血球

赤血球は全身へ酸素を運び、二酸化炭素を受け取って肺にもどる。

肺胞の赤血球

肺の中の肺胞で赤血球がもっている二酸化炭素と酸素の交換が行われる。内部のヘモグロビンという物質は、酸素と結びつくと赤くなる。

血管の中の赤血球

血液に運ばれて太い血管から細い血管へと移動する。

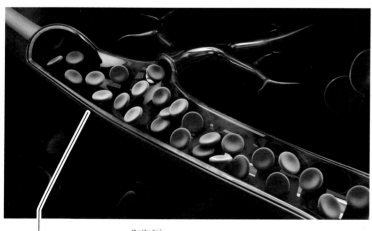

血管を流れる赤血球

赤血球はやわらかく、細長くなるなどかたちをかえて、細い血管も通りぬけることができる。

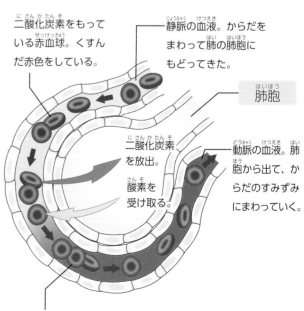

二酸化炭素をもっている赤血球。くすんだ赤色をしている。

静脈の血液。からだをまわって肺の肺胞にもどってきた。

肺胞

二酸化炭素を放出。

酸素を受け取る。

動脈の血液。肺胞から出て、からだのすみずみにまわっていく。

酸素を受け取った赤血球。赤血球の内部の色素が酸素と結びついてこい赤色になる。

Q 血小板は、どうやって出血を止めるの？

A 血小板自体で穴をふさぎ、フィブリンをつくるよ。

血小板は、出血を止める役目の細胞です（→４巻）。血管に穴があくと、血小板が集まってきます。それだけで止まらなければ、フィブリンという線維でかためて、しっかりと穴をふさぎます。

出血を止めるしくみ

血管に穴があくと、血小板が集まってくる。さらに、フィブリンが血小板などをまとめて、穴をかためる。

血小板の変化

血小板のかたちがかわり、ねばねばしたフィブリンにからめとられる。

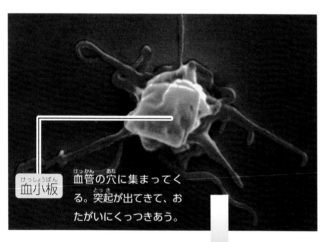

血小板

血管の穴に集まってくる。突起が出てきて、おたがいにくっつきあう。

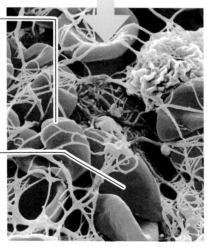

フィブリン

血小板だけで穴がふさがらないときは、フィブリンという線維がつくられる。

赤血球

フィブリンにからめとられた赤血球。フィブリンは赤血球や血小板を巻き込んでかたまる。

▲血小板とフィブリンの電子顕微鏡写真。

血管の穴をふさぐしくみ

血小板の働きで血管にあいた穴がふさがれていく。

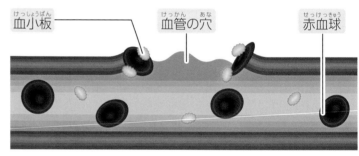

血小板　血管の穴　赤血球

血管の穴に、血小板が集まってきて、穴をふさごうとする。

かさぶたはフィブリンがかわいたものなんだって

フィブリン

血しょうからフィブリンというねばねばした線維ができて、血小板や赤血球をからめて穴をふさぐ。

Q 血液中の白血球には
どんな役割が
あるの？

A

異物をチェックして、
病原体は退治するよ。

白血球（→４巻）は、顆粒球（３種類）、リンパ球、単球に分けられます。すべて病原体を攻撃して健康を守る働きがありますが、種類によって役目がちがいます。顆粒球と単球は、病原体を直接攻撃します。リンパ球は免疫というシステムに関わります。からだに入ってきた病原体の情報を覚えて、次にその病原体が入ってきたら、すみやかに攻撃できるようにするのが免疫です。

からだを守る白血球

白血球には５種類ある。それぞれ役割がある。

５種類の白血球

顆粒球（好中球、好酸球、好塩基球）、リンパ球、単球がある。協力しあって働いている。

顆粒球　殺菌作用のある成分（顆粒）を豊富にもっている。

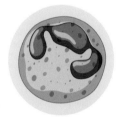

好中球
白血球のなかでいちばん数が多い。病原体を取り込んで殺す。

好酸球
寄生虫を殺す。

単球
ほかの白血球よりも大きい。異物を食べて退治するマクロファージに変化する。食べた異物の情報をリンパ球に示す。

好塩基球
アレルギー（花粉症など特定の異物に過剰な免疫の反応が起こること）に関わる。

マクロファージ

細菌

◀マクロファージが細菌を食べているところの電子顕微鏡写真。

リンパ球
敵を覚えて効率よく攻撃する、免疫のシステムに関わる。Ｂ細胞、Ｔ細胞などに分けられる。

Q ものを見るのに重要な役割がある細胞には何があるの？

A

かん体細胞とすい体細胞

かん体細胞は明るさを、すい体細胞は色を感じる。

網膜にある光と色を感じる視細胞はとても重要だよ。

目は多くの部品が組み合わさってできている複雑な器官です。正しく見るにはどの部品も必要ですが、なかでも、網膜にある視細胞は重要な存在です（→5巻）。視細胞には、明るさを感じるかん体細胞と、色を感じるすい体細胞があります。すい体細胞は3種類あって、赤色、緑色、青色と反応する色が決まっています。すい体細胞に異常があると、色を判断しづらくなります。たとえば赤色に反応するすい体細胞が少ないと、赤い色が見えにくくなるのです。

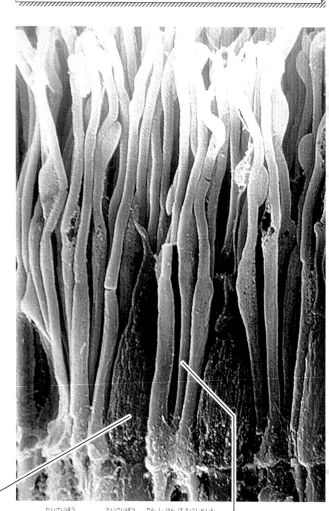

▲かん体細胞とすい体細胞の電子顕微鏡写真。

すい体細胞

1つの目に約600万個ある。そのうち青色に反応するものは5〜10％ほどで、残りが赤色と緑色に反応する。

人以外のほとんどの哺乳類はすい体細胞が1種類しかないので、色はあまり見分けられないよ

かん体細胞

1つの目に約1億2000万個ある。

人には3色のすい体があるから、いろいろな色がわかるんだね

耳の奥の内耳には どんな細胞があるの？

毛の生えている細胞があるよ。
音を聞く細胞と、からだのバランスを
とる細胞の2種類があるよ。

耳の奥には、音を聞き取る器官と、からだのバランスをとる器官があります（→5巻）。どちらの器官にも、毛が生えている有毛細胞という細胞があります。この毛には、とても大事な働きがあります。

音を聞く器官（蝸牛）では、音が空気のふるえとして伝わってきます。空気のふるえが、有毛細胞の毛をふるわせて、その刺激が細胞の内部に伝わります。

からだのバランスをとる器官（半規管）では、からだがかたむいたり、回転したりすると、有毛細胞の毛が動いて、その刺激が細胞の内部に伝えられます。

蝸牛の有毛細胞

空気のふるえを毛が感知する。

有毛細胞

毛の生えた細胞。音を聞く器官（蝸牛）の中にあるもの。3〜5列にならぶものと、1列にならぶものがある。

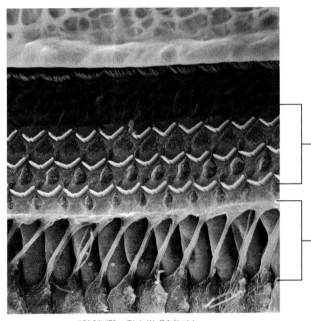

▲モルモットの有毛細胞の電子顕微鏡写真。

有毛細胞の毛

有毛細胞に生えた毛。音（空気のふるえ）を受け取る。

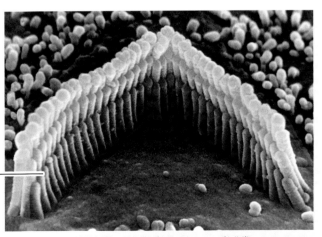

▲モルモットの有毛細胞の電子顕微鏡写真。毛がV字形に生えている。

Q 皮ふと毛をつくっているのは どんな細胞なの？

A ケラチンという タンパク質で できた細胞だよ。

ケラチノサイトは病原菌や有害な紫外線などがからだに入るのを防いでいます。

毛の細胞をつくるのは、毛の根元にある毛母細胞です。毛母細胞が毛の細胞をつくるので、毛がのびるのです。毛の細胞の中身もケラチンで満たされています。

皮ふのいちばん外側を表皮といいます。表皮の細胞は、核などの細胞内器官がなく、ケラチンというタンパク質で満たされています。このような細胞をケラチノサイトといいます。

皮ふと毛の細胞

どちらも細胞の中身はなくなって、ケラチンが入っている。

◀ケラチノサイトの顕微鏡写真。

ケラチノサイト

平たいかたちをして、皮ふの表面に重なっている。15 〜 30 日ぐらいで、はがれて落ちて、新しい細胞におきかわる。

からだを洗うと出てくるアカは古くなったケラチノサイトだよ

皮ふと髪の色は
細胞の中のメラニンの量でかわるよ。
メラニンが多いとこい色になるんだ。

髪の毛の表面

いちばん外側はうろこのような
細胞がならんでいる。表皮の細
胞よりかたい。

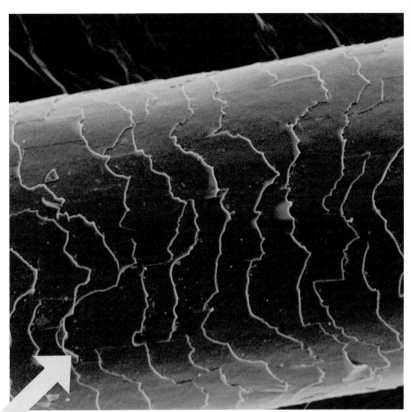

▲髪の毛の表面の電子顕微鏡写真。

皮ふと毛の構造

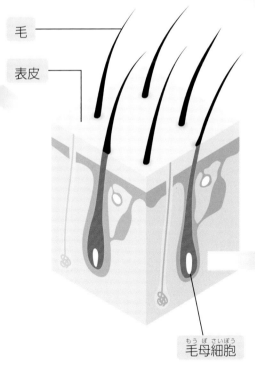

毛

表皮

毛母細胞

毛母細胞

新しく毛の細胞がつくられて、
毛がのびていく。髪の毛は1か
月に10〜20mmほどのびる。

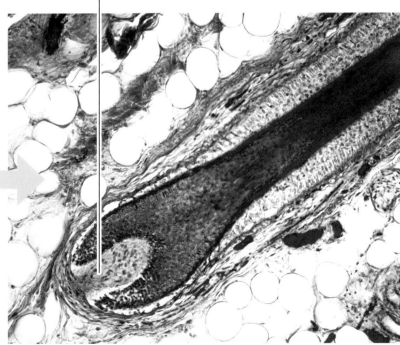

▶毛母細胞の顕微鏡写真。

さくいん

監修：坂井建雄（さかいたつお）

順天堂大学保健医療学部特任教授、日本医史学会理事長。1953年、大阪府生まれ。1978年、東京大学医学部卒業後、ドイツのハイデルベルク大学に留学。帰国後、東京大学医学部助教授、順天堂大学医学部教授を歴任。医学博士。専門は解剖学、細胞生物学、医史学。

◆装丁・本文デザイン
福間祐子

◆DTP
STUDIO恋球
ダイアートプランニング
ニシ工芸

◆イラスト
青木宣人
マカベアキオ

◆マンガ
よしたに

◆写真
アマナイメージズ
PIXTA
Shutterstock
Getty Images

◆協力
武田亮輔
（板橋区立成増ヶ丘小学校教諭）

◆校正
あかえんぴつ

◆編集・制作
河合佐知子
室橋織江
栗栖美樹
春燈社
アマナ

人のからだのしくみ大図解
どうなってるの!?
⑥ からだと細胞

あそびをもっと、
まなびをもっと。

こどもっとラボ

発行　2023年4月　第1刷
監修　坂井建雄
発行者　千葉　均
編集者　崎山貴弘
発行所　株式会社ポプラ社
　　　　〒102-8519　東京都千代田区麹町4-2-6
ホームページ　www.poplar.co.jp（ポプラ社）
　　　　kodomottolab.poplar.co.jp（こどもっとラボ）
印刷・製本　大日本印刷株式会社

©POPLAR Publishing Co.,Ltd. 2023
ISBN978-4-591-17664-1 ／ N.D.C. 463 ／ 47p ／ 29cm Printed in Japan

どうなってるの!?

人のからだのしくみ大図解

全**6**巻
セットN.D.C.491

監修　坂井　建雄（順天堂大学特任教授）

小学校中学年から

・A4 変型判
・各 47 ページ
・図書館用特別堅牢製本図書

ポプラ社はチャイルドラインを応援しています

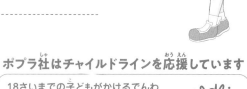

18さいまでの子どもがかけるでんわ
チャイルドライン®
0120-99-7777
毎日午後**4**時〜午後**9**時 ※12/29〜1/3はお休み
電話代はかかりません 携帯（スマホ）OK

18さいまでの子どもがかける子ども専用電話です。
困っているとき、悩んでいるとき、うれしいとき、
なんとなく誰かと話したいとき、かけてみてください。
お説教はしません。ちょっと言いにくいことでも
名前は言わなくてもいいので、安心して話してください。
あなたの気持ちを大切に、どんなことでもいっしょに考えます。

チャット相談は
こちらから

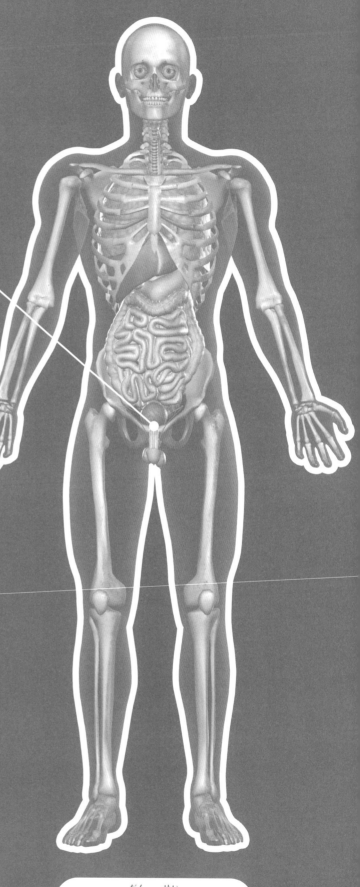

生殖器
（→2巻）

男女の
ちがい

男性と女性のからだの構造はほとんど同じですが、生殖器の部分が大きくちがいます。生殖器は子どもを生むための器官です。また、女性の乳房には脂肪がついています。

男性